瑠《る》璃《り》色《いろ》の星

山崎直子

「ドドドドーン!」。おなかの底を揺《ゆ》さぶるような振動《しんどう》が、私の座っているスペースシャトル・ディスカバリー号のミッド・デッキ内に伝わってきました。補助ロケットブースターに火がついたのです。これでもうあと戻《もど》りはできません。進むのみです。何度も訓練で打ち上げの練習をしてきました。何か緊急《きんきゅう》事態が起こったらとるべき行動も、目の前の手順カードを見ながら、頭の中で確認していました。

しかし、それにもかかわらず、いま起きている振動《しんどう》とごう音が、自分たちの乗ったシャトルが出しているのだと思うと緊張感《きんちょうかん》とともに、いま本当に宇宙に向かっているんだなという実感がわいてきました。このまま順調に飛行していけば8分30秒後には宇宙に到着《とうちゃく》します。私は与《あた》えられた仕事を完璧《かんぺき》に成《な》し遂《と》げようという高ぶる気持ちと同時に、宇宙でどんな体験をし、何を考えるのだろうかと、自分の変化にも期待していました。

宇宙飛行士に認定されてから、11年目になります。この間さまざまな訓練と学習を経て、やっと宇宙へ行くことができました。あきらめないで続けていて良かったのです。

宇宙にはいま、サッカー場くらいの広さの国際宇宙ステーションが

国際宇宙ステーション（International Space Station, 略称ISS）
国際協力でできた宇宙施設《しせつ》。国際協力と平和のシンボルになっている。

野口聡一
（のぐち・そういち）宇宙飛行士。コロンビア号の事故後、最初の打ち上げで宇宙に行き船外活動をした。２００９年12月から約６カ月間、宇宙に滞在《たいざい》した。

地球の周りを回っています。その一部に日本の実験棟《じっけんとう》『きぼう』が取り付けられ、そこでは毎日たくさんの宇宙実験や研究が行われ、さまざまな成果をあげています。

今回の私の仕事は、国際宇宙ステーションに必要な物資を詰《つ》めたレオナルド・モジュールをロボットアームを使って取り付け、ステーションをより良い状態に保つことでした。帰りには不要になったものや、地上に持ち帰る品物をシャトルに積《つ》み込《こ》み、宇宙実験の成果を地球に持ち帰ることでした。

このミッションで意義深いことは、長期滞在《たいざい》していた野口聡一《のぐちそういち》宇宙飛行士と国際宇宙ステーションで会うことができたことでした。二人の日本人が国際宇宙ステーションに滞在《たいざい》したのです。

初めて宇宙ステーションの中で野口さんと日本語で話をしたときには、背筋がぞっとする感動を味わいました。宇宙空間で日本語が飛び交っている！　まさしく日本の宇宙時代が始まったと実感した瞬間《しゅんかん》でした。

宇宙に行っていたときに、私はいろんなことを考えました。仕事の合間に地球の姿もたくさん見ました。写真もたくさん撮《と》りました。そ

▲打ち上げのシャトルに乗り込むため、アストロ・バンに乗って出発。これが打ち上げ前の最後のあいさつになる。

◀打ち上げの瞬間《しゅんかん》。2基の補助ロケットブースターは、固形燃料を使う。力は強いがすべてが燃えつきるまで止めることはできない。

▶ヘルメットをかぶって完全防備。シャトルの中ではこのオレンジスーツ姿で打ち上げを待つ。

United States
Discovery

この経験は今後の私にとても大きな影響《えいきょう》を及《およ》ぼすだろうと思います。宇宙はどんなところだったのか、どんな体験をしたのか、何がふしぎだったのか、みなさんに率直にお伝えしなければと思います。そしていつの日か、みなさんも宇宙に行き、私たちのあとをついで宇宙の仕事を引きついでほしいと思います。国際宇宙ステーションではこれからやらなければならないことが、まだまだたくさんあるのです。みなさんの若い力が必要なのです。

★あこがれの宇宙へ

人はなぜ、宇宙に行きたいと思うのでしょうか?

私の場合、宇宙をめざすようになったのは、中学3年生のときでした。最初から宇宙飛行士になろうと思っていたわけではありません。本当は先生になろうと思っていました。きっかけになったのは、スペースシャトル・チャレンジャー号が打ち上げ後、73秒で爆発《ばくはつ》し、7人の宇宙飛行士が犠牲《ぎせい》になった事故を見ていたときでした。1986年のことです。クルーの中に民間人として初めて女性の教師、クリスタ・マコーリフさんが乗っていました。彼女《かのじょ》は世界の子どもたちに宇宙授業をする予定でした。

　事故の映像に、私はとてもショックを受けました。青空の中、四方に飛び散っていくロケットの白い航跡《こうせき》を見たからです。しかし犠牲《ぎせい》になった宇宙飛行士の中に先生がいたことで、「先生でも宇宙飛行士になれるのだ」とそのとき、先生と宇宙飛行士がカチッと結びついたのです。

　それからは、宇宙で仕事をすることを意識するようになりました。学生時代は宇宙で暮らすための宇宙ホテルも考えました。いつの日か、たくさんの人が宇宙旅行に行けるようになったときに、どんな宇宙ホテルなら快適か、そのための設計図も書きました。とてもワクワクした楽しい思い出でした。

　あきらめずに願っていると夢はかなうものです。私は運良く日本人として第四期生の宇宙飛行士の候補に選ばれました。それからは宇宙に行くためのさまざまな訓練を受けました。

　訓練を受けている最中の２００３年に、今度は宇宙から地球に戻《もど》るスペースシャトル・コロンビア号が大気圏《たいきけん》に突入《とつにゅう》する際、事故が起きました。宇宙での仕事を終え、帰還《きかん》する直前でした。知っている仲間

チャレンジャー号の事故
１９８６年、打ち上げから73秒後に高温のガスが漏《も》れたことが原因と思われる事故で爆発《ばくはつ》、７名の宇宙飛行士が犠牲《ぎせい》になった。

宇宙から見る地球は瑠《る》璃《り》色《いろ》に輝《かがや》いている。見えているのはアメリカ・カリフォルニア半島だ。

コロンビア号の事故
2003年、宇宙から帰還《きかん》する直前に空中分解し、7名の飛行士が犠牲《ぎせい》になった事故。

の宇宙飛行士が犠牲《ぎせい》になったのです。とても残念で悲しく、胸が張《は》り裂《さ》けそうな気持ちになったあのときのことはいまでも覚えています。

宇宙で仕事をするのは、危険が伴《ともな》います。しかし、少しでも危険をなくし、安全を確保するために、宇宙に携《たずさ》わるすべての人が心を砕《くだ》き、努力しています。その仕事ぶりには、もう決して事故を起こしてはならない、という気持ちがひしひしと感じられ、安全への切なる願いが伝わってきました。それが犠牲《ぎせい》になった人たちへの恩返しでもあるからです。

そして訓練でも、危険から身を守る方法をたくさん教えてもらいました。ですから私は出発するときには、もうどんなことがあっても大丈夫《だいじょうぶ》だという気持ちでした。

そして宇宙では、何があろうとも頑張《がんば》るという覚悟《かくご》を決めていました。その決意を支えてくれたのは、宇宙にかかわるたくさんの人たちの支援《しえん》でした。宇宙飛行士は一人で宇宙に行けるわけではありません。いろんな人たちが仕事を支え、見守ってくれています。そういうたくさんの人たちの努力があって初めて、私たちも良い仕事ができるのです。私はそういう人たちの気持ちとともに宇宙に行きました。

特に私の家族、夫と娘《むすめ》はいちばん私の心の支えになりました。壮大《そうだい》な宇宙に行って感じたことのひとつは、じつに地球に残した家族にかかわることだったのです。

宇宙に行きたいと考えることは、人のもともと持っている基本的な本能だと思います。人の心の中には、「分からないことを解明したい」という欲求があります。未知を残しておけない動物なのです。

「あの山のむこうには何があるのだろうか？」

「宇宙の果てはどうなっているのだろう？」

そんなことを空想するのも人だからできるのです。そして未来のことを予想し、いまからそのために準備し、行動することもできます。辛《つら》いことや悲しいことにもくじけずに頑張《がんば》れるのは、成《な》し遂《と》げたときの喜びを想像できるからです。

霊長類《れいちょうるい》を研究している学者が、チンパンジーは、人よりも優れた記《き》憶《おく》能力があることを突《つ》き止《と》めました。

それは1〜9までの数を記憶《きおく》させ、その順番に正確にボタンを押《お》せるように訓練をします。その後、ばらばらな位置に数字をおき、フラッシュさせ、1秒にも満たない時間で数字を消してしまいます。しか

紅海《こうかい》の上空を通過中。シナイ半島とエジプトを流れるナイル川が見える。国際宇宙ステーションにドッキングしたディスカバリー号に伸《の》びているのはロボットアーム。天気が良いと美しい景色がくっきり広がる。

国際宇宙ステーションにドッキングする前に、ディスカバリーの船体を回転させ、傷がないかをチェックする。カリブ海に面したニカラグアの島の上空を通過中。

チンパンジー
アフリカにすむ類人猿《るいじんえん》の一種。道具を使ったり、社会性があるなど、人間に最も近い動物といわれている。

恐竜《きょうりゅう》
中生代に繁栄《はんえい》した生物。環境《かんきょう》にあわせ大型化したものもいる。白亜紀《はくあき》末期（6500万年前）に絶滅《ぜつめつ》し、今は化石でしか確認できない。

しチンパンジーはどの位置にどの数字があったのかを記憶《きおく》し、順番どおり正確に押《お》すことができるのです。まるでその瞬間《しゅんかん》の写真が頭の中にあるように、間違《まちが》えないのです。人もやってみましたが、とても同じようにはできませんでした。

しかし、チンパンジーは瞬間《しゅんかん》を記憶《きおく》することはできますが、将来どんなことが起こるか考えているとは思えないと言っています。人間から見て、どんなに辛《つら》く、悲しい状況《じょうきょう》でも、将来を悲観し、絶望するということはない、というのです。逆に人は、将来のことに絶望すると、怖《こわ》いことですが自らの命を絶ってしまうことさえあります。しかしチンパンジーにあるのは現在のことなのです。そして人間にあるのは、将来を考える力なのです。

人は見えているところだけでなく、その裏側はどうなっているかを考える力があります。想像する力があるのです。

この能力は、未来のことだけではありません。大昔の恐竜《きょうりゅう》の暮らしぶりさえ化石をもとにして研究・想像し、生き生きとその時代を復元し、見事に生活史を知ることができるのです。

これはどんな分野でも発揮されます。「知りたい」という欲求をか

暗黒物質
星と星の間にあり、目に見えない。星の元になったと考えられる。

暗黒エネルギー
宇宙を考えるときに、見えるもの以外に隠《かく》れた何かが関係しているのではないかと考えられて研究が続けられている。

なえるために、「考える」という想像力を発揮するのです。そしてどこまでも追求し、そのことが生きる喜びにもなり、生きがいともなります。

宇宙の成り立ちについていま、またまた大きなふしぎが出てきました。宇宙には目に見えない暗黒物質と暗黒エネルギーがあるというのです。どう考えても目に見えないものがあると思わなければ、説明できない物理現象を見つけてしまったのです。知れば知るだけ、今度はそれ以上のふしぎを人は見つけてしまうのです。

みなさんも「なぜだろう？　どうしてだろう？」と考え、悩《なや》んだ末に正しい答えを見つけられたら、「そうか、分かった！」と喜ぶと思います。その喜びの感動が、「よし、次の問題も解決してやろう！」と意欲につながることと同じです。

この能力があるので、人間はふしぎに満ちた宇宙を命がけでめざすことができるのです。その能力は素晴らしいものです。

１９６１年にソ連のユーリイ・ガガーリン飛行士が人類として初めて宇宙飛行をしました。それからわずか8年後の１９６９年に、それまでに積み重ねられた経験をもとにしてアポロ計画が実行され、アメ

初めて一緒に宇宙に滞在《たいざい》した4人の女性。私の上にドロシー、そしてスティファニー、長期滞在《たいざい》のトレーシー。仕事の合間に宇宙の窓・キューポラで撮影《さつえい》。

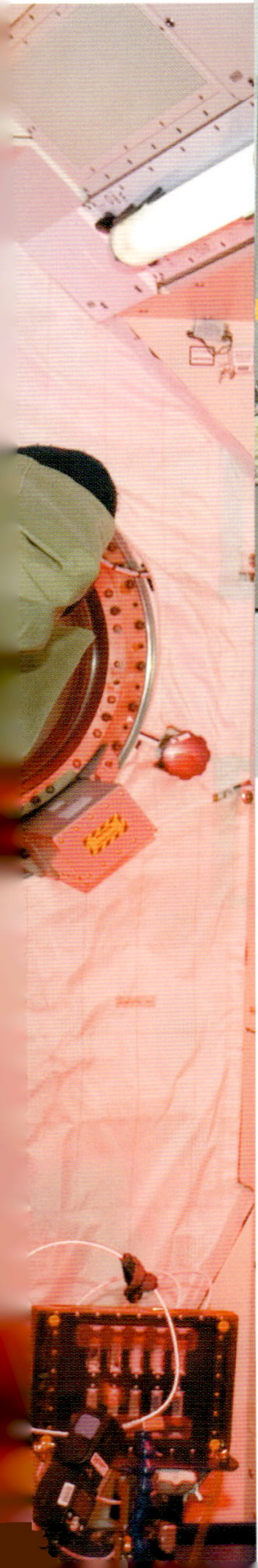

野口宇宙飛行士と、重力の実験
宇宙では重力がないので、こんなことも簡単にできる。地上とはまったく違《ちが》う感覚だ。宇宙に行ってしばらくは、ふしぎな感覚だったが、すぐに慣れた。移動するために使うのは自分の筋力が原動力になる。どのくらいの力でどのくらい動くか、感覚をつかむまで注意して動いた。逆に地球に帰還《きかん》してからは重力の強さにとても驚《おどろ》かされた。

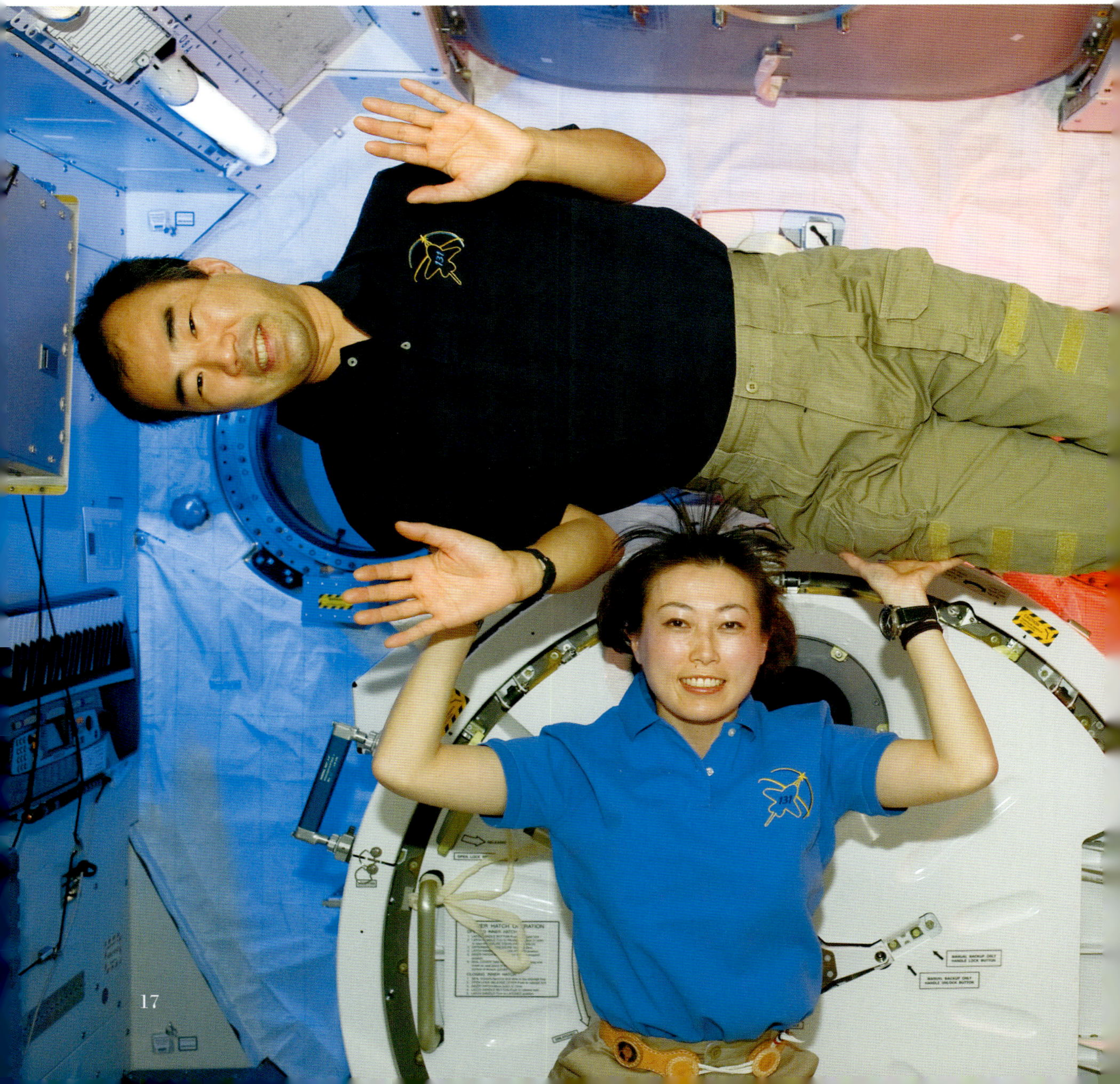

リカのニール・アームストロング船長、バズ・オルドリン飛行士の二人が人類として初めて月面を歩くことができたのです。そのわずかな期間で科学を進歩させ、宇宙への扉《とびら》を大きく広げました。

この偉大《いだい》な成果は、科学者の努力や国を挙げての協力もありましたが、私には、人間の持っている『知りたいという欲求』が、斬新《ざんしん》な発想を生み、人間の本能である想像力を刺激《しげき》して、月に行けるだけの技術を確立したのだと考えています。

★地球は生きている

宇宙から地球を見ることができるようになったことは、人類が獲得《かくとく》した貴重な経験です。月に行った宇宙飛行士が暗闇《くらやみ》の中でぽっかりと、宇宙に浮《う》いている地球の写真を撮《と》ってきました。人類が初めて宇宙から見た地球です。このときに本当に地球は丸いのだとだれもが確認し、そして感動しました。

宇宙飛行士たちは訓練を積み重ねるなかで、写真や映像でたくさんの地球の姿を知っています。それでも実際に宇宙に出かけ、仕事をし

ユーリイ・ガガーリン
1961年、人類として初めて宇宙飛行を成《な》し遂《と》げた。「地球は青かった」という有名な言葉を残した。

アポロ計画
ケネディ大統領が1960年代のうちに月に人間を送りこむと宣言し、スタートした月への有人宇宙飛行計画。合計17回実施《じっし》された。

ニール・アームストロング船長、バズ・オルドリン飛行士
アポロ11号に乗って人類で初めて月に着陸した宇宙飛行士。月から岩石などを持ち帰った。

て無事に帰ってくると、すべての飛行士が「美しい地球の姿に感動した」と言っていました。なぜなのでしょうか？

私も宇宙に行って初めて、その理由が分かったように思いました。その当たり前の理由に気づいたとき、目の前にある地球を心からいとおしいと思いました。

それは『この地球には生き物がいる。そしてこの地球そのものが生きている！』ということでした。

私は、そのとき初めて、地球を見ると感動するという理由のひとつが分かったように思いました。68億人もの人間がいる地球。私の夫も娘《むすめ》も、この地球にいます。

地球には人間だけでなく、たくさんの生き物たちで満ちています。生き物たちのすみかです。昆虫《こんちゅう》や鳥、それに動物たち。花や木などの植物たち。そして目に見えない細菌《さいきん》やウイルスも生きています。その生き物たちはみんな、お互《たが》いに何らかの形で相手を頼《たよ》って生きていま す。もし、ひとつの生き物がいなくなると、ほかの生き物が生きていけないほど困ってしまうのです。

地球でいちばん数の多いのは昆虫《こんちゅう》です。昆虫《こんちゅう》はさまざまな進化を遂《と》

地球の生き物
生物の種類数は300万から1000万種といわれている。動物の中で最も多いのは昆虫《こんちゅう》だ。

アポロ11号で月に着陸し、着陸船のまわりを歩くオルドリン飛行士。アームストロング船長とともに月面に立った初めての人間となった。このあとアポロ計画はアポロ17号まで続いた。都合6回にわたり月面に降り立ち、月から持ち帰った砂や石などの資料は381kgになり、月面研究が飛躍的《ひやくてき》に発展した。

月から見た地球。人類が初めてほかの天体から自分の地球を見た写真。地球が本当に丸いと認識させられ、人間の意識を変える記念碑的《きねんひてき》な写真となった。

偉大《いだい》なアポロ計画

サターンV型の巨大なロケットで月をめざす。三段型ロケットで一段目で時速9,600kmになり、二段目で時速24,000kmにもなる。三段目のロケットエンジンで月に向かう。

昆虫《こんちゅう》
外側に硬《かた》い骨（外骨《がいこっ》格《かく》）を持ち、6本の脚《あし》を持っている。地上の環境《かんきょう》に順応し、80万種以上いるといわれている。

げ、仲間を増やしました。花と共生する道を選んだのもそのひとつです。花は虫たちによって花粉を運んでもらいます。虫たちは代わりに花の蜜《みつ》をもらいます。どちらにとっても良いことで共生の関係です。しかし、この関係を作り上げるまでには、長い時間がかかっています。虫は、なにも好んで危険な花の中に入り、花粉だらけになるより、もっと効率のいい餌《えさ》があったかもしれません。そして花も、本当は蜜《みつ》を出す力があったら、もっと種子に栄養を与《あた》えることができたかもしれません。

しかし、自分のことばかり言い張っても、だれも助けてくれません。だから、虫も花もほどほどのところで妥協《だきょう》し、お互《たが》いに助けあう道を選んだのです。この関係が地球の環境《かんきょう》に適合し、長く繁栄《はんえい》することができるようになりました。そして両方とも繁栄《はんえい》し、数を増やしていったのです。地球の生き物のすべてが、このようにほかの生き物に頼《たよ》って生きている「命の関係」が成り立っています。人間も例外ではありません。

しかし、宇宙空間には生命の痕跡《こんせき》は見つかりましたが、生き物はまだ見つかっていません。いまのところ、宇宙飛行士も宇宙ステーションや、宇宙服で守られていなければ生きていけません。宇宙は生き物にとって死の世界です。

地球上では、たまたま偶然《ぐうぜん》に生き物が生まれ、環境《かんきょう》に合わせお互《たが》いに助けあい、利用しあって生きてきました。生き物たちの生きる仕組みの積み重ねで成り立っている地球、そしてそれ自体が生きている。そう思うと、本当にかけがえのないものだと思いました。

★瑠璃色《るりいろ》の地球

宇宙から見ると、地球のふちには薄《うす》いベールのように見え、瑠璃色《るりいろ》に輝《かがや》く大気の層があります。極に近い地方ではその下に、かすかに光るオーロラも見えます。青い海を隔《へだ》てた茶色の陸地もくっきり見えます。そこに浮《う》かんでいる白い雲の中には、時おり雷《かみなり》の光がピカッと小さく見えます。世界地図にあるような国境線はもちろんありません。

宇宙ステーションの窓から見える地球の美しさは格別です。なぜこうも美しいのか、ふと疑問に思いました。ここにも、何か秘密があるのではないかと思いました。

私たちが感じる色は、太陽の光が元になっています。地球では大気

生命の痕跡《こんせき》
２００９年、ＮＡＳＡは１万３０００年前に南極に落下した隕石《いんせき》が、火星から来たもので、そこに生命の痕跡《こんせき》を見つけたと発表した。火星探査に弾《はず》みがつくきっかけになった。

オーロラ
緯度《いど》の高い地方で見られる空中での発光現象。地上１００㎞から５００㎞の間に発生する。

私が行ったときはSTS－131のクルー7名（ブルーのシャツ）に加え、野口宇宙飛行士はじめ長期滞在《たいざい》クルー6名（黒色のシャツ）が働いており、総勢13名がISSに滞在《たいざい》した。

国際宇宙ステーション（International Space Station、略称ISS）。宇宙にある人類の宇宙基地。アメリカ、ロシア、カナダ、日本、そして欧州《おうしゅう》宇宙機関（ESA；加盟11カ国）による国際協力で建設された。高度約350kmの上空にあり、時速28,000kmで飛び、90分で地球を一周する。ここでは宇宙空間を利用してたくさんの実験や研究が続けられている。

皆既《かいき》日食
月が太陽表面をすっぽり覆《おお》い隠《かく》す現象。このとき、ふだんは見えないプロミネンスやコロナが見られる。

コロナ
皆既《かいき》日食のときに太陽の周りに見える電子の光。クリーム色がかった白い光に見える。温度は摂氏《せっし》100万度と太陽表面よりも高い。

の中でさまざまな色の光を見ています。しかし、宇宙では大気を通さず見ることができます。空気に邪魔《じゃま》されない「初めての太陽の光」に照らされています。それは地球では見られない光の色です。

だれにも邪魔《じゃま》されない太陽の光で見る地球。地球の姿は美しく、宇宙飛行士を感動させる、もうひとつの理由だと思いました。

「皆既《かいき》日食を見ると感動する」と言われます。太陽の表面がすべて月で隠《かく》され、黒くなった太陽の周りには素晴らしい光が出現します。コロナです。このコロナの色は、ふだんは太陽の光でまったく見えません。皆既《かいき》日食のとき太陽の輝《かがや》きがなくなって初めて見えます。

この光の色は、地上で見る光の色とはまったく違《ちが》うものです。「真《しん》珠色《じゅいろ》に輝《かがや》く」とも言われますが、初めて見る人にとっては理解を超《こ》えた異次元の光だと言う人さえいます。これと同じことが宇宙にもあるのです。

人の目で見ることのできる色は限られています。可視光線の範囲《はんい》だけです。虹《にじ》の七色です。しかし、光の色はまだまだあります。見えないから無いのではなく、見えなくともあるのです。赤外線や紫外線《しがいせん》です。レントゲン写真で使うX線もこの仲間です。放射線といいます。

可視光線
目に見える光の範囲《はんい》のこと。プリズムを使って光を分けると、紫《むらさき》から赤まできれいに分かれる。

なかには危険な放射線もあります。たくさんの放射線を浴びるとがんになるなど体に不具合が起きるのです。宇宙では地上と違《ちが》い、たくさんの放射線にさらされています。ですから、いまでは宇宙飛行士が浴びても良い放射線の数値が決められているのです。

きっと宇宙では、このような放射線を含《ふく》めたさまざまな光がスパイスになって、地球を素晴らしく美しくしてくれているのだと思います。

宇宙で美しいのは地球だけではありません。白く輝《かがや》く宇宙の太陽。そして白い月。その周りを取り囲む、果てしなく深く黒い闇《やみ》の宇宙空間。言葉では言いつくせないほど美しく神々《こうごう》しいものです。

私はこれから生まれてくる全世界の子どもたちに、一度は人間のふるさと、地球の姿を宇宙から見てほしいと感じました。

★宇宙で考えたこと

宇宙から地球を見ていたとき、「飛んでいる私たちをいま、地球の人は仰《あお》ぎ見ているのだろうか？」と思いました。

このことがきっかけで、私は宇宙で二つのことが気になりました。

ひとつは、人は大昔から星や月を見て感動していた、ということです。

▶輸送責任者として、ロボットアームでレオナルド・モジュールをISSに接続させ、大切な品物を運《はこ》び込《こ》んだ。

◀飛び出した7枚の窓で宇宙の景色が見られるキューポラで。足元に地球が見えるが、宇宙では上も下もないので、ふしぎな感じがした。

▶宇宙では地上からのサポートを受けながら分刻みで仕事を進める。

◀レオナルド・モジュールで。持《も》ち込《こ》んだ荷物は約6t。責任者としてここが私の仕事場といえる。

To CUP
To CUP

STBD

天の川
夜空に見える薄《うす》い雲のような光の帯。季節によって強く見えたり弱まったりする。ミルキーウエイ(乳の道)とも呼ばれる。

そしてもうひとつは、命のことでした。

私たちのシャトルの打ち上げを見送ってくれた人が「星になって行きましたね」と言ってくれました。早朝の打ち上げだったので、最後までシャトルのエンジンが明るく見えていたからでしょう。「星になる」というとちょっぴり悲しいニュアンスがありますが、満天の星は私たちをふしぎの世界に導いてくれます。

宇宙を身近に感じるのは、星空を見上げたときです。雲のない夜空を見上げると、空いっぱいに天の川が大きくうねり、たくさんの星々《ほしぼし》がきらめいています。吸《す》い込《こ》まれるような星の広がりの素晴らしさに心を奪《うば》われてしまいます。なんと素晴らしい星空なのだろうとだれもが思います。

大昔の人たちも、それを見ていました。100万年前の人間の祖先もそんな素晴らしい星空を見ていました。それは私たちが見ている星や月と同じものです。

食べ物を集めるために疲《つか》れた体を横たえ、夜空を見上げると、きれいな星が輝《かがや》いています。一日の疲《つか》れがスーッと引いていくような優しい光だったのではないでしょうか。

満ち欠けする月のふしぎにも、きっと驚《おどろ》いたに違《ちが》いありません。太陽と月と星。天空にはいつも私たちを見守っている天体があったのです。

時代が下って６０００年前には人は星をもっと生活の身近なものとして考えました。星々《ほしぼし》を結んで星座を作り、たくさんの物語を生みだしました。

流れ星に願いをかけたり、人の命が星になって輝《かがや》いているという話は、世界各地にあります。民族や国境を超《こ》えて、人間は宇宙にひかれ、星はあこがれの存在だったのです。

文明発祥《はっしょう》の地となった古代エジプトでは、太陽を神としてあがめていました。沈《しず》んでは昇《のぼ》る太陽に、命の再生を願って死後の世界を考えていました。また、文字を残さなかったインカ文明でも、太陽は生活の中で最も大切なものとされていたようです。天変地異があると太陽のために、いけにえとしていちばん大切なものを大きな岩の上にささげて、太陽に祈《いの》ったのです。守り神としての太陽の存在です。

でも、なぜこんなにも宇宙を意識してしまうのでしょうか？

私は「宇宙が私たちのふるさとだからではないか」と思っています。

星座
光っている星の位置を結び、その特徴から連想したさまざまな動物や物に見たてたもの。全天で88個の星座がある。

古代エジプト
大昔（紀元前３０００年頃《ごろ》）にエジプト地方にできた国家。文明発祥《はっしょう》の地ともいわれ、太陽暦《たいようれき》も作られた。

インカ文明
南アメリカに15～16世紀に栄えた国家。のちに、スペイン人に滅《ほろ》ぼされた。太陽を神としていた。

全天に広がる天の川は、息をのむ美しさだ。あの先には何があるのだろう？　いまも人の心にロマンを運んでくれる。

◀さまざまに形を変え、色を変えて光るオーロラ。大昔の人はこの光に何を感じていたのだろうか？

◀星は、北極星を中心に日周運動を起こす。時間が経《た》つに従って星はその位置を変える。昔の人は、夜に時間を知るときに使ったのかもしれない。

私たちの体は、たくさんの物質でできています。そしてその物質はすべて宇宙にも存在していることも分かっています。

太陽のように、自分から光っている星を恒星《こうせい》といいます。恒星《こうせい》は寿命《じゅみょう》がきたときに、大爆発《だいばくはつ》を起こします。そのときに、さまざまな物質を宇宙空間に放出します。それは100以上の基本の元素とその組み合わせによってできた物質です。

その一部が、たまたま地球にふりそそぎ、それが集まり、からみ合い、長い時間をかけ、原始生物になり、そして最終的に人間になりました。だから宇宙にあるものと同じもので私たちの体はできているのです。私たちは、たまたま宇宙から地球という星に来て、生まれ育った、宇宙から来た「地球型・宇宙人」だと言うことができます。

大昔から人が宇宙に魅力《みりょく》を感じ、宇宙にあこがれたのは、自分の体の元になった「初めのもの」が宇宙にあると感じ、宇宙と一体となることによって、安心感を得たからではないかと思うのです。

事実、私も宇宙に行き、無重力になった瞬間《しゅんかん》、眠《ねむ》っていた遺伝子が目覚めるように細胞《さいぼう》が懐《なつ》かしがっているような感覚になりました。宇宙がふるさとのように感じられたのです。

恒星《こうせい》
自分で光り輝《かがや》いている星。地球から見えるいちばん明るい星はシリウス。地球からの距離や大きさで光度も違《ちが》う。

元素
物質を構成する基礎的な要素。水素や酸素、金、銀、鉄など。

★かけがえのない地球、そして命

宇宙でもうひとつ考えたこと、それは命のことでした。

国際宇宙ステーションに乗っていると地球を90分で一周してしまいます。夜になっている地球を見ると、そこにポツポツと明るく輝《かがや》いているところがあります。都会の街の明かりです。その明かりの中で「ひょっとしたら、いま家族で夕ご飯を食べている人がいるかもしれない」と思いました。

生き物はすべて何かを食べなければ生きていけません。私たちも宇宙食を地球から持っていきました。いまでは宇宙食も300種類以上あります。私は野口宇宙飛行士と日本のおすしを作って、みんなに振《ふ》舞《ま》いました。好評でした。

しかし、もし食べないで生きていけたら、宇宙の果てまでも行けます。でも、私たちの命は食べないわけにはいきません。しかも私たち人間の食べ物は、すべてほかの動物や植物の形を作っていたものです。動物や植物は、人の食べ物に変わったときに命はなくなります。私たちは命を食べて生きているのです。そんな思いが頭に浮《う》かんだとき、

宇宙食
宇宙でとる食べ物。長期保存が可能なことや軽いこと、そしてにおわないことなど、制約がある。いまでは地上とほぼ同じメニューが食べられるようになった。

昆虫《こんちゅう》は一方的に蜜《みつ》をもらっているわけではない。動けない植物に代わってほかの花に花粉を運び、受粉を助けている。長い時間をかけて植物と共生の関係を作った。地球の生き物はこうして相手を頼《たよ》って生きている。

赤くなる実は『私の実はもう食べてもいいですよ』という信号を鳥たちに伝えている。鳥に食べてもらうことで、種は遠くに運んでもらえる。鳥も、おいしくなった実と未熟《みじゅく》な実を、見分けることができるというわけだ。

「この地球で、命はいったいどこから生まれたのだろうか?」と改めてふしぎに思ったのです。

宇宙空間には、私たちの体の元になっている物質がたくさんあると言いました。だから星空を見ると宇宙を身近に感じるのだろうとも言いました。

しかし、人間の形を作っている材料を、すべてもらさず集め、どんなに優れた装置を使っても良いので、生きた命を作れ、と言われても、生きた人間を作ることはできません。命は作れないのです。

なぜ初めに命ができたのか、本当のところはまだよく分かっていません。しかし、分かっているのは、さまざまな偶然《ぐうぜん》が重なり、長い長い時間をかけてでき上がったということです。

そして命は作られるのではなく、生まれてくるのです。お父さん、お母さんから命をもらうのです。そして命は一人にひとつしか与《あた》えられていません。大昔の人も同じでした。命は両親からもらい授かったものです。そのたったひとつの命を次の世代に伝えていった結果、いまの人たちがいるのです。もし、先祖の両親のだれか一人でも亡くなっていたら、自分は決して生まれていないのです。

それでは、何のためにつないでいかなければならないのでしょうか？

そしてなぜ人は宇宙に行かなければならないのでしょうか？

私は大胆《だいたん》なことを考えていました。私たち地球にすむ「地球型・宇宙人」がいつか同じ宇宙の物質からできた兄弟の「宇宙人」に会い、彼らと協力してお互《たが》いの文化や技術を持ち寄り、もっと大きな宇宙協力をするという夢です。国際協力ならぬ宇宙協力です。そのためには、人間は地球の代表として底力をつけなければなりません。何をしなければならないか、何をしてはいけないかを教えてくれるのは、母のような存在である地球です。わが子の発展を願う母のように、私たちを応援《おうえん》し必要な知恵《ちえ》を授けてくれるに違《ちが》いありません。

宇宙人に会い、宇宙人とともに、さらに大きなプロジェクトを達成する。その夢を実現するためには、もっともっとたくさんの研究を進めなければなりません。

まず太陽系を自由に行き来できるようにならなければなりません。月や火星に行き、前線の基地を造らなければなりません。そこでもっと素晴らしい宇宙船を作り、その先、とりあえずいちばん近い太陽の

太陽系
太陽を中心にして運行している地球や火星などの惑星、その衛星などの総称。

▲かに星雲の最も詳《くわ》しく撮《と》られた写真。爆発《ばくはつ》して広がるガスが写っている。
(NASA, ESA and Allison Loll/Jeff Hester)

▶ものすごい広がりをもった、星の誕生する場所。
(NASA, ESA and The Hubble Heritage Team)

◀ハッブル宇宙望遠鏡
地上600km上空にある。1990年に打ち上げられ、何度もの修理を重ね、2009年には宇宙飛行士が宇宙空間で大幅《おおはば》に修理をした。遠くの銀河の美しい写真や、宇宙研究に役立つたくさんのデータを地球に送っている。

▼ハッブル宇宙望遠鏡開始20周年に発表された写真。7,500光年離れたカリーナ星雲。
(NASA, ESA, M. Livio and the Hubble 20th Anniversary Team)

◀バタフライ星雲の写真。摂《せっ》氏《し》2万度、時速95万 km でガスが吹《ふ》き飛《と》ばされている。
(NASA, ESA and the Hubble SM4 ERO Team)

ケンタウルス座α《アルファ》星
ケンタウルス座のいちばん明るい星。太陽以外、地球から最も近いところにある恒星《こうせい》。

惑星《わくせい》
太陽のように光り輝《かがや》く恒星《こうせい》の周りを公転する星。

仲間の星、ケンタウルス座α《アルファ》星の周りの惑星《わくせい》を調べなければなりません。太陽のような恒星《こうせい》に人間はすめません。その周りを回っている地球と同じような惑星《わくせい》を探さなければなりません。

しかし、いちばん近いその星に行くまでには光の速さの宇宙船で、約4年以上かかります。その惑星《わくせい》に宇宙人がいれば良いのですが、いなければ、またほかを探さなければなりません。近くの惑星《わくせい》にまた基地を造り、もっと先に向けて航海を続けるのです。

★みなさんに期待すること

その計画を実現するためには、まだまだやらなければならないことが山ほどあります。新しいロケットエンジンも必要です。光の速さに耐《た》えるロケットの材料、この開発もしなければなりません。そしていちばん大切なことは乗組員の健康です。長い間宇宙で暮らすための美《お》味《い》しい栄養バランスの取れた宇宙食の開発。そして筋肉をつけるための運動計画、宇宙娯楽《ごらく》も必要です。病気になったときの薬も必要です。すべてを考えなければなりません。

人間だけでできることには限界があります。あらゆる面でロボットに手伝ってもらうことも必要です。そのためのロボットを作る技術も進めなくてはなりません。

こうして新しい星をめざすのは、大昔に海にすんでいた生物が新しい環境《かんきょう》を求めて陸地に進出したのと同じことかもしれません。

この研究を進めることは、宇宙旅行に役立つだけでなく、いまの私たちの生活を変えることにつながります。いま地球にはエネルギーの問題、食糧《しょくりょう》の問題、そして温暖化など環境《かんきょう》の問題など解決しなければならない課題がたくさんあります。そのときに、宇宙に進出するときに考案された技術や科学が大いに役に立つのではないかと思います。

こうした夢の実現のためには、ぜひとも引きついでくれる仲間たちが必要です。幸い日本の宇宙技術は世界に貢献《こうけん》できるようになっています。日本は技術立国として世界をリードしていくほどになっています。いま、その歩みが着実に始まっています。あとをつぐのはみなさんです。

人は命の続く限り、挑戦《ちょうせん》を繰《く》り返《かえ》します。そしていまも、たくさんの人たちが宇宙をめざして努力を続けています。国際宇宙ステーションでは世界中の国と地域からたくさんの人たちが集まって協力してい

私たちクルーをサポートしてくれたNASAの管制官のみなさん。ミッションが成功したのも、日夜、こうしたたくさんの人たちが支えてくれたおかげだと感謝しています。また、日本の関係者の応援《おうえん》も力になりました。宇宙は一人では行けません。生物と同じに、お互《たが》いに支えあいながら達成していく仕事場だと思います。

NASA
CSA ASC
ORB1 TEAM PHOTO
Mission Control
POINDEXTER 131 DUTTON METCALF-LINDENBURGER ANDERSON 19A MASTRACCHIO WILSON YAMAZAKI
INSTRUMENTATION
MISSION CONTROL
COMMUNICATIONS

ます。ですからそこは国際協力と平和のシンボルでもあるのです。ミニチュアの地球と呼べるかもしれません。

私が宇宙をめざしたのは、子どものころに見たきれいな星空。そしてテレビで見たチャレンジャー号の打ち上げ。あれから長い時間が経《た》ちましたが、やっと宇宙に行き、無事に帰ることができました。

私が宇宙で命のことを考えたのは、授かった娘《むすめ》という命の存在があったからかもしれません。母として守るべき命があるのです。忙《いそが》しいミッションでしたが、宇宙という違《ちが》う世界にいても、気がつくと家族のことを思っていました。

私は宇宙から地球を見て俳句《はいく》を作りました。

『瑠璃色《るりいろ》の　地球も花も　宇宙の子』

という句です。この句に託《たく》した思いは、これまで書いてきたことがすべて含《ふく》まれています。地球も宇宙のなかではたったひとつの小さな星です。しかも、ものすごく美しい。瑠璃色《るりいろ》に輝《かがや》いています。本当にかけがえのない星です。そしてここにすんでいる一人一人が同じようにかけがえのない命です。花にもいろんな花があり、どれもそれぞれに美しく命を輝《かがや》かせています。そして花も人もみんなが、だれかに支えられ、助けられて生きています。そして同時にだれかを助けているのです。自分一人だけで生きていくことはできません。それが宇宙のおきて、宇宙の子どもの宿命なのだと思いました。

宇宙での仕事を終え帰還《きかん》したいま、宇宙への思いは形を変え、さらに強くなったように思います。宇宙で仕事をするプロとして、これまでの経験を生かし、これからも、みなさんのお役に立ちたいと思います。そのために、さらに努力するつもりです。そして機会があれば、また宇宙に出かけ、新しい仕事をしたいと思っています。

みなさんも自分の夢に向かってあきらめないで進んでください。できないことや知らないことは恥《は》ずかしいことではありません。できないからできるようになりたいと思い、知らないから知りたいと思うのです。それは「地球型・宇宙人」つまり宇宙の子だからできることです。そしていつの日か、私たちのあとを引きついでください。まだまだ宇宙にはたくさんのふしぎが残っているのですから。

山崎直子（やまざき　なおこ）
宇宙飛行士・内閣府宇宙政策委員会委員
1970年千葉県松戸市生まれ。東京大学宇宙工学専攻修士課程修了後、旧・宇宙開発事業団（現・宇宙航空研究開発機構）に勤務。2010年4月、宇宙飛行士としてスペースシャトルに搭乗し、国際宇宙ステーションの建設ミッションに携わる。2012年7月、内閣府宇宙政策委員会委員に就任。2018年7月、一般社団法人Space Port Japan 代表理事に就任。宇宙教育にも力を入れる。著書に、『夢をつなぐ』（角川書店）、『宇宙に行ったらこうだった！』（repicbook）など多数。

写真協力　NASA・JAXA　田中達也　寺門邦次
装丁　坂田良子
編集協力　江川企画（江川全喜）

瑠《る》璃《り》色《いろ》の星

宇宙から伝える心のメッセージ

発行日　二〇一〇年八月一日　初版　第一刷発行
二〇二二年一月五日　第六刷発行
著者　山崎直子
発行者　大村 牧
発行　株式会社 世界文化ワンダークリエイト
発行・発売　株式会社世界文化社
〒一〇二－八一九二
東京都千代田区九段北四－二－二九
電話〇三（三二六二）五一二一（編集部）
〇三（三二六二）五一一五（販売部）
印刷　共同印刷株式会社

ISBN978-4-418-10502-1